page de titre voir p. 34
p. 35 voir p. 38
p. 39 — p. 48
p. V-VIII — p. 44

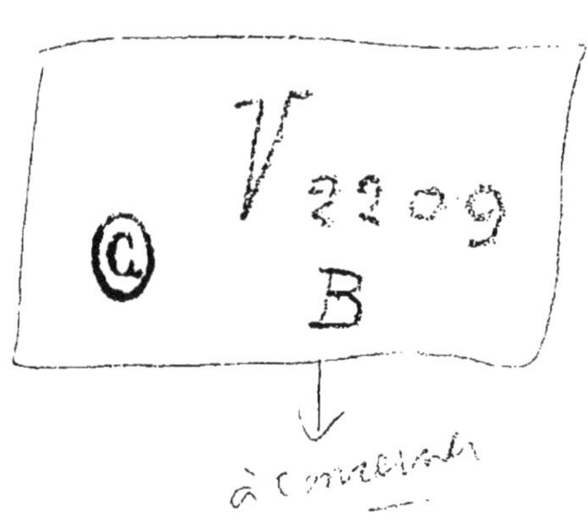

ŒUVRES

DE

M. MARAT.

NOTIONS ÉLÉMENTAIRES D'OPTIQUE.

A PARIS,

Chez { P. Fr. Didot le jeune, quai des Augustins. N. L. Moutard, rue des Mathurins, hôtel de Cluni.

M. DCC. LXXXIV.

Avec Approbation, et Privilege du Roi.

AVIS
DE L'AUTEUR.

DEUX Editions assez considérables de mes *Découvertes sur la Lumière* ayant été épuisées peu après leur publication, j'ai été souvent sollicité de remettre cet ouvrage sous la presse, & n'y ai pas consenti. Comme il étoit uniquement destiné à fixer l'attention des Physiciens sur des phénomènes aussi neufs qu'étranges, & qu'il n'est guères à la portée des lecteurs peu versés dans l'Optique, j'ai craint de trop multiplier une ébauche que doit rendre inutile le traité complet que je travaille sur cette belle science. Après l'avoir ramenée aux élémens, me sera-t-il permis de dire qu'elle prendra sous ma plume une face nouvelle?

Depuis long-temps invité par plusieurs amateurs & Professeurs de physique, de publier un précis de ma théorie des couleurs, où mes principales expériences fussent assez détaillées pour qu'un lecteur intelligent, qui ne les auroit point vues, pût les répéter; je me ſuis contenté d'eſquiſſer celui-ci, & de leur en adreſſer des copies manuſcrites: plus jaloux de faire preuve de mon zèle pour le progrès des ſciences par un ouvrage ſoigné, que par de nombreux eſſais.

Si cette légère eſquiſſe a les honneurs de l'impreſſion, elle les doit à un Amateur diſtingué, dont le zèle éclairé pour la propagation des connoiſſances utiles eſt connu.

OBSERVATIONS ESSENTIELLES.

LA plûpart des expériences détaillées dans ce précis sont faites d'après ma méthode d'observer dans la chambre obscure, décrite à la fin de mes *Recherches physiques sur le Feu* : mais pour répéter ces expériences, il faut un appareil d'instruments, dont voici les principaux :

1 Un microscope solaire, armé d'un miroir métallique, & d'un objectif de sept pouces de foyer.

Il importe que le canon s'adapte de manière à s'enlever sans déranger la platine ou le miroir ; l'un de ses bouts sera garni d'une boîte propre à recevoir au besoin un objectif de deux pouces de foyer ; l'autre, d'une boîte propre à recevoir un diaphragme.

2 Un miroir métallique concave & très-bien poli, de 3 pouces en diamètre sur 6 pieds de foyer.

3 Un prisme isocèle, de 16 à 18 lignes de face, & qui ait un angle de 61 à 63 degrés.

4 Un prisme isocèle, de 18 à 20 lignes de face, & qui ait un angle de 12 à 15 degrés.

5 Une lentille convexe, de 8 pouces de foyer, & de 30 lignes en diamètre.

6 Une lentille convexe, de 7 pouces de foyer, & de 38 lignes en diamètre.

7 Un objectif convexe, de 28 pieds de foyer, & 4 pouces en diamètre.

8 Un objectif convexe, de 50 pieds de foyer, & 4 pouces en diamètre.

9 Un objectif convexe, de 30 pouces de foyer, & 6 pouces en diamètre.

Les lentilles, les objectifs & les prismes doivent être de verre très-pur, d'un travail régulier, & d'un fini précieux; ce dont on ne peut bien juger qu'en les examinant dans la chambre obscure d'après ma méthode.

10 Un châssis de 6 pouces en diamètre, tendu de vélin très-blanc ou de papier fin passé au blanc d'Espagne.

11 Une petite plaque métallique garnie d'un crochet à l'un de ses bouts, à l'autre de pinces propres à fixer les objets en expérience.

12 Une tringle métallique, longue de 18 pouces, où seront suspendues à des crins égaux, des boules en cuivre, plomb, bois, verre, liège, &c. d'un pouce en diamètre : il y en aura deux de chaque espèce, dont l'une sera évidée, l'autre massive.

Chacune de ces pièces doit être montée sur une tige à charniere, coulant dans une colonne à pied, & se fixant à hauteur convenable au moyen d'une vis de pression.

13 Une petite boîte renfermant de minces plaques de métal, dont l'une sera percée d'un

très-petit trou au centre; une autre, d'un trou d'un quart de ligne; une autre, d'un trou d'une ligne; une autre, d'un trou de deux lignes; une autre, d'un trou de quatre lignes; une autre, d'un trou de six lignes. On y joindra un anneau d'une ligne de face, & une plaque découpée en cercles concentriques, très-étroits. Tous ces diaphragmes doivent être de grandeur à s'ajuster à la petite boîte extérieure du canon.

Dans les appareils qui ont été préparés sous mes yeux, j'ai fait mettre sur chaque pièce d'un instrument la même lettre de rappel. Le support est désigné par A; la lentille de 30 lignes en diamètre, par B; la lentille de 38 lignes, par C; l'objectif de 28 pieds de foyer, par D; l'objectif de 50 pieds, par E; l'objectif de 30 pouces, par G, &c.

Pour éviter les circonlocutions, je désignerai dans le cours de cet ouvrage les mêmes instrumens par les mêmes lettres.

APPROBATION.

J'AI lû, par ordre de Monſeigneur le Garde-des-Sceaux, un Manuſcrit, intitulé *Notions élémentaires d'Optique*, par M. MARAT, D. M., & n'y ai rien trouvé qui puiſſe en empêcher l'impreſſion, à Paris, ce 8 juillet 1784.

DE MACHY.

Le privilège ſe trouve à la fin des Recherches phyſiques ſur l'Électricité.

ERRATA.

Page 4, lig. 11, pouvoit, *liſ.* pourroit.

Page 12, lig. 23, Opiſotique, *liſ.* Opiſoptique.

Page 16, lig. 10, quelle n'en a dans le milieu ambiant, *liſ.* que n'en a le milieu ambiant.

NOTIONS ÉLÉMENTAIRES (1) D'OPTIQUE.

L'OPTIQUE est la science qui traite des phénomènes de la vision.

La vision est produite par l'impression de la lumière sur l'organe de la vue : ainsi la lumière sert de lien de communication entre les objets apperçus & l'organe qui les apperçoit. Sans elle, continuellement ensevelis dans de profondes ténèbres, non-seulement nous n'aurions aucune idée

(1) J'ai cru devoir faire précéder ces notions au précis de mes découvertes, en faveur des lecteurs qui ne sont pas encore initiés dans l'Optique.

des objets qui ne tombent pas ſous les autres ſens; mais nous ne pourrions pas même ſubſiſter (1), toujours obligés de chercher loin de nous les aliments qui doivent réparer nos pertes.

De la ſource de la Lumière.

On a mis en queſtion ſi la lumière nous environne continuellement, ou ſi elle émane inſtantanément des corps lumineux. Il ſuffit de réfléchir ſur quelques phénomènes bien connus, pour être aſſuré qu'elle nous environne ſans ceſſe, & qu'elle a même toujours un degré de mouvement capable d'ébranler des organes délicats : car il s'eſt vu des ſujets attaqués de violentes ophthalmies qui diſtinguoient les objets au ſein de l'obſcurité; les malheureux qui ont croupi pluſieurs mois dans un cachot (où la clarté du jour ne ſauroit pénétrer), parviennent enfin à voir les inſectes qui courent autour d'eux; & les nègres blancs ne diſcernent les objets que de nuit.

Du Mouvement de la Lumière.

Sans un mouvement reçu & communiqué, la lumière ne ſauroit tranſmettre à l'organe de la

(1) Et cela indépendamment de l'extrême influence que la lumière, miſe en jeu par le Soleil, a ſur la végétation.

vue l'impreſſion des objets ; cela eſt inconteſtable.

Mais ce mouvement conſiſte-t-il en une preſſion exercée de proche en proche par les objets viſibles ſur les molécules lumineuſes, ou en un tranſport réel des molécules lumineuſes, du corps qui les pouſſe au corps qu'elles affectent ? D'après l'examen des phénomènes, il paroît hors de doute que ce mouvement conſiſte en un tranſport réel : une preſſion exercée de proche en proche exigeroit néceſſairement que les molécules du fluide de la lumière fuſſent contiguës ; or, dans un pareil fluide, aucun mouvement partiel ne ſauroit avoir lieu, parce qu'une preſſion (foible ou forte) ſur quelque partie de ce fluide s'exerceroit en tous ſens : à plus forte raiſon, tout mouvement rectiligne ſeroit-il impoſſible, & alors on pourroit voir les objets ſans les regarder, même ſans être tourné de leur côté.

D'ailleurs, en vertu d'une preſſion exercée en tous ſens, la lumière ſeroit conſtamment refoulée derrière les corps opaques interpoſés pour l'intercepter ; ces corps ne produiroient donc aucune ombre, & nous n'appercevrions pas moins les objets qu'ils nous cachent.

Enfin, ſi la lumière ſe propageoit de proche en proche, il n'y auroit jamais de ténèbres ; car, dès que la preſſion du ſoleil ſe fait en tous ſens, peu importe qu'il ſoit ſur l'horizon, pour éclairer le monde.

Mais à ſuppoſer que le mouvement partiel rectiligne ne fût pas impoſſible dans un fluide dont les molécules ſe toucheroient, n'eſt-il pas évident qu'aucun mouvement régulier n'y pourroit avoir lieu? car la preſſion communiquée à l'une des parties du fluide, ſeroit à l'inſtant troublée par la preſſion communiquée à toutes les autres parties : comment donc les impreſſions de la lumière ſeroient-elles ſi ſubites, ſi exactes, ſi préciſes?

J'ai dit qu'aucun mouvement partiel & régulier ne pouvoit avoir lieu dans un fluide de cette nature; je vais plus loin, tout mouvement y ſeroit impoſſible : car, quelle puiſſance aſſez énergique pourroit jamais ébranler l'énorme maſſe d'un fluide qui rempliroit la vaſte étendue des cieux?

Ainſi, d'après l'hypothèſe des preſſions, non-ſeulement les ſenſations de la vue deviendroient impoſſibles; mais l'homme, lui-même, ne ſauroit ſe mouvoir dans l'eſpace immenſe où la lumière eſt diſſéminée; tranchons le mot, aucun corps ne ſauroit y trouver place.

Puiſque la lumière ſe meut progreſſivement & qu'elle n'émane point des corps lumineux, ces corps la réfléchiſſent ſimplement, comme font les corps opaques. S'il y a entr'eux quelque différence à cet égard, c'eſt que les premiers lui impriment un mouvement, que les derniers ſe bornent à entretenir.

Des Propriétés de la Lumière.

Outre les qualités communes à tous les corps; le fluide de la lumière en a de propres.

On doit mettre au premier rang son extrême subtilité, qui se manifeste par la facilité avec laquelle il traverse les corps diaphanes les plus denses; tels que le verre, le cristal, le diamant, &c.

A son extrême subtilité, il joint une mobilité prodigieuse; les plus petits corps lumineux le mettent en mouvement, & ce mouvement est de quatre-vingt mille lieues par seconde (1), rapidité que l'imagination même à peine à concevoir.

A ces propriétés notre fluide réunit celle d'exciter des sensations particulières: composé (comme il l'est) de plusieurs espèces de parties essentiellement différentes, dont la réunion forme le blanc, dont la privation forme le noir, & dont chacune est caractérisée par le pouvoir de produire l'impression d'une

(1) On en juge par l'émersion des satellites d'une planète. Des observations constantes, faites pendant une longue suite de siècles, ayant démontré la régularité du cours des astres, on connoît l'instant précis où les satellites doivent sortir de l'ombre des astres qui les éclipse; & comme cet instant paroît toujours retardé de plusieurs minutes, on attribue avec raison ce retardement au temps que la lumière emploie à faire le trajet de l'astre qui l'interceptoit jusqu'à notre globe.

couleur particulière. On nomme *homogènes*, les parties propres à exciter la ſenſation d'une même couleur ; *hétérogènes*, les parties propres à exciter les ſenſations de différentes couleurs : ainſi, les couleurs appartiennent uniquement à la lumière, & ne ſont pas inhérentes aux corps. C'eſt ce qui paroît hors de doute, quand on fait tomber ſur différents corps, les rayons ſolaires décompoſés à la circonférence d'un priſme (1) : quelque teinte que ces corps nous paroiſſent avoir, à l'inſtant elle s'évanouit pour faire place à celle des rayons qui les illuminent.

De l'extrême facilité avec laquelle notre fluide traverſe tous les corps diaphanes, il ſuit que ſes parties ſont *globuleuſes*.

Et de la prodigieuſe rapidité de ſon mouvement, il ſuit que ſes globules ſont extrêmement éloignés les uns des autres, c'eſt-à-dire, qu'il eſt extrêmement rare. Sans cette rareté extrême, ces globules, dont les directions ſe trouvent multipliées à l'infini, s'embaraſſeroient néceſſairement, & leurs mouvemens ne pourroient que s'entre-détruire.

De la Direction des rayons de la Lumière.

Le mouvement imprimé aux globules lumineux

(1) Il faut expoſer au ſoleil le priſme entier & le faire mouvoir ſur ſon axe, juſqu'à ce qu'un des ſpectres projettés au fond de la chambre ſoit bien développé.

par les différents corps qui les réfléchissent, est toujours simple; aussi tendent-ils toujours à décrire des droites.

Un corps isolé, pouvant être apperçu de toutes parts, doit être censé au centre d'une sphère de lumière dont les globules se meuvent dans la direction des rayons de cette sphère : mais chaque point de la surface de ce corps, pouvant aussi être apperçu de différents côtés, il est nécessaire qu'il envoie instantanément plusieurs files de globules, pour en former l'image, à quelque point que l'œil soit placé. De la direction respective de ces files, il suit que l'intensité de la lumière dans un milieu libre est toujours en raison inverse du quarré des distances : ainsi, de deux plans égaux qu'éclaireroit un corps lumineux, celui qui se trouveroit à une distance double, seroit quatre fois moins éclairé.

Une file de globules lumineux en mouvement se nomme *rayon*, (figure 1).

Plusieurs rayons qui partent d'un même point, se nomment *pinceau*, (fig. 2).

Un assemblage de rayons qui se meuvent dans le même sens se nomme *faisceau*, (fig. 3).

La lumière ébranlée par les objets lumineux éclaire les objets obscurs ; mais comme les uns & les autres sont apperçus par les rayons qu'ils réfléchissent & qu'ils réfléchissent en tous sens, chaque point de leur surface peut être considéré comme un vrai point radieux d'ou émane une multitude de pinceaux de rayons.

Les rayons hétérogènes de la lumière ſont naturellement unis entr'eux ; puiſque, dans quelque point de l'eſpace que ſoit placé un corps blanc, il ne paroît jamais coloré.

Mais il y a des corps de toutes les couleurs ; ces corps réfléchiſſent donc une partie des rayons qui les éclairent, & ils abſorbent les autres : ce qui n'eſt pas moins vrai à l'égard des corps lumineux, qu'à l'égard des corps obſcurs.

On a vu que le fluide de la lumière eſt diſſéminé dans la vaſte étendue des cieux, qu'il eſt extrêmement rare, & que ſes globules (réfléchis par les différents corps), ſe meuvent dans la direction des rayons d'une multitude innombrable de ſphères. Les eſpaces libres de l'univers ſont donc occupés par une infinité de rayons qui ſe meuvent ſuivant toutes les directions poſſibles, ſans ſe confondre jamais.

Quant à leurs directions réciproques, ces rayons conſidérés partiellement tendent vers un point commun ou ils s'en écartent, à moins qu'ils ne ſoient à égale diſtance l'un de l'autre. La première de ces directions s'appelle *convergence* (fig. 4) ; la ſeconde, *divergence* (fig. 5) ; la troiſième, *parallèliſme* (fig. 6). On voit d'un coup d'œil que la convergence ou la divergence des rayons ſe meſure par l'ouverture de l'angle qu'ils forment entr'eux.

Fig. 1.

Fig. 2.

Fig. 3.

Fig. 4.

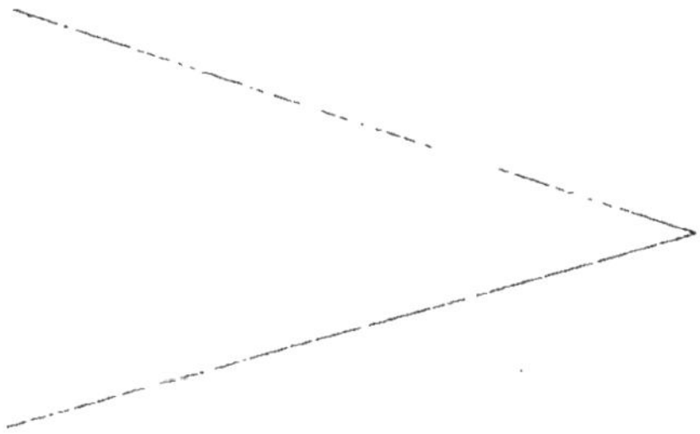

Fig. 5.

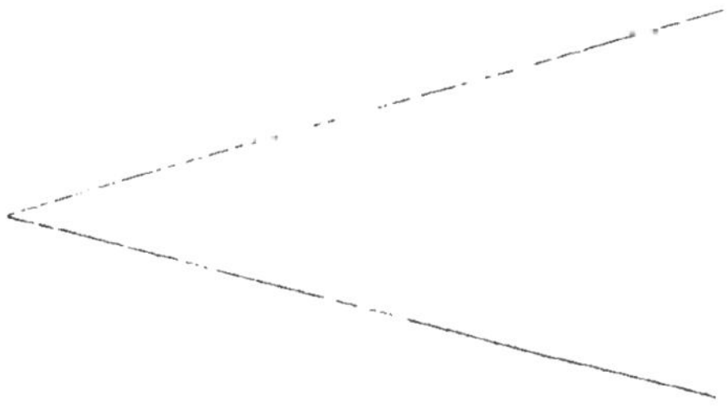

Fig. 6.

Enfin, le point d'où ils divergent & le point où ils convergent se nomment *foyers ;* car ces points peuvent réciproquement être pris l'un pour l'autre.

Des Milieux.

Tout espace vide & tout corps qui donne sensiblement passage à la lumière s'appellent *milieux*, mais ceux qui agissent sur la lumière prennent seuls la dénomination de *milieux réfringents.* On voit par-là que cette dénomination est restreinte aux milieux corporels, solides, liquides ou fluides ; le vide ne pouvant exercer aucune action. Relativement à la force de l'action qu'ils exercent sur la lumière, ils peuvent se nommer *milieux de différente énergie.*

Dans un milieu libre & homogène, les rayons se meuvent bien en ligne droite : mais ils changent toujours de direction dans quatre circonstances particulières ; lorsqu'ils passent à la circonférence d'un corps ; lorsqu'ils tombent sur une surface polie ; lorsqu'ils traversent obliquement des milieux plus ou moins réfringens ; & lorsqu'ils sont prêts à sortir d'un milieu plus réfringent que celui par lequel il est terminé. Dans le premier cas, les rayons se replient à certain degré sur les corps qu'ils environnent (fig. 7) ; dans le second cas ; ils rebondissent de dessus la surface qu'ils frappent, en faisant un angle opposé, mais égal à celui de leur incidence, à moins qu'ils ne décrivent une perpendiculaire (fig 8) ; dans le troisième cas, ils se rompent à la surface du milieu où ils entrent & d'où ils sortent, en formant des angles qui sont en rapport déterminé (fig. 9) ; dans le dernier cas, ils reviennent en arrière à la surface du milieu qu'ils ont à peine quittée, en suivant la route qu'ils suivroient s'ils étoient réfléchis à la surface du dernier milieu (fig. 10).

Le premier de ces changements s'appelle *déviation;* le second, *réflexion ;* le troisième, *réfraction ;* & le quatrième, *rétraction* (1).

De chacun de ces termes, pris pour racine, viennent les dérivés,

Dévier, *déviables*, *déviabilité.*
Réfléchir, *réflexibles*, *réflexibilité.*
Réfracter, *réfrangibles*, *réfrangibilité.*
Retirer, *rétractibles*, *rétractibilité.*

Dévier, réfléchir, réfracter, retirer; c'est pro-

(1) C'est la rétrogradation des rayons, produite par la force attractive du milieu qu'ils étoient prêts a quitter. La seconde surface des prismes, des lentilles, des lames de verre, &c. en offre les phénomènes. A part la réfraction des rayons à la première surface de pareils milieux, ces phénomènes sont semblables à ceux de la réflexion proprement dite; mais le principe en est différent, car ils ne sont pas produits par le rebondissement des globules qui tombent sur l'air au sortir du verre, puisqu'ils sont encore plus marqués lorsque la surface du verre est contiguë à un espace vide d'air.

duire la déviation, la réflexion, la réfraction ou la rétraction.

Déviabilité, réflexibilité, réfrangibilité, rétractibilité; c'est la propriété d'être dévié, réfléchi, réfracté ou retiré.

Déviable, réflexible, réfrangible, rétractible; c'est le rayon doué de l'une ou l'autre de ces propriétés.

La connoissance générale des propriétés de la lumière, & des phénomènes qui en résultent, est l'objet de l'Optique, proprement dite; mais eu égard aux changemens de direction qu'éprouvent les rayons, l'Optique doit se diviser en quatre parties.

Les changemens de direction qu'ils éprouvent, en passant à la circonférence des corps, sont l'objet de la *Péroptrique.*

Ceux qu'ils éprouvent, en tombant sur des surfaces polies, sont l'objet de la *Catoptrique.*

Ceux qu'ils éprouvent, en traversant divers milieux, sont l'objet de la *Dioptrique.*

Enfin, ceux qu'ils éprouvent, en rentrant dans un milieu qu'ils viennent de traverser, sont l'objet de *l'Opisoptrique* (1).

---

(1) Ces noms dérivent du grec. Ils ont tous pour racine, le terme ὀπτικὴ, précédé d'une préposition particulière qui détermine leur signification.

Le premier, a la préposition caractéristique περὶ, qui signifie *autour.*

Nous nous bornerons ici à la Péroptrique, branche nouvelle, qui renferme mes principales découvertes, & qui doit être regardée comme la base de toutes les autres branches; c'est à elle que se rapporte une multitude de phénomènes inconnus avant moi; & c'est à elle qu'il étoit réservé d'éclaircir une multitude d'autres phénomènes mal à propos rapportés à la Dioptrique.

Le second, a la préposition κατὰ, qui signifie *contre.*

Le troisième, a la préposition διὰ, qui signifie *à travers.*

Le quatrième, a la préposition ὀπίσω, qui signifie *en arrière.*

On voit assez, sans que je le fasse remarquer, que la première & la dernière de ces branches sont absolument nouvelles.

Au reste, pour suivre l'étymologie, il faudroit dire *Péroptique*, *Catoptique*, *Dioptique*, & *Opisotique*; termes, d'ailleurs, beaucoup moins durs que ceux qui les remplacent.

ÉLÉMENTS DE PÉROPTRIQUE.

De l'attraction & de la déviation de la lumière.

INDÉPENDAMMENT de la lumière dont les corps ſont ſans ceſſe environnés, chaque corps en a une atmoſphère particulière. Voici de quelle manière je le démontre.

Quand on expoſe un corps quelconque aux rayons du ſoleil introduits dans la chambre obſcure par le microſcope ſolaire, monté d'un ſimple objectif (1); *on voit l'ombre de ce corps environnée d'une zone lumineuſe, plus ou moins vive, & plus ou moins étendue, relativement à la diſtance où il eſt de la toile* (2).

Ce phénomène ne tient point à une double réflexion; puiſqu'il n'a pas moins lieu, lorſqu'on ſe ſert d'un miroir métallique. A quoi donc l'attribuer? au principe de l'attraction, qui accumule à la cir-

(1) C'eſt toujours de l'objectif de ſept pouces de foyer dont il eſt queſtion, lorſque je n'en indique pas un autre.

(2) C'eſt un grand châſſis de toile, préparé avec le blanc des carmes, ſur lequel ſont projettés les rayons du cône lumineux.

conférence des corps la lumière où ils sont plongés.

La lumière ne peut être accumulée à la circonférence d'un corps qu'aux dépens du milieu ambiant; ce milieu doit donc être moins éclairé, & sa différence de clarté, quoique insensible dans un grand espace, doit s'appercevoir dans un petit. *Ainsi, quand on place dans le cône lumineux, à quatre pieds de la toile, une carte ou une lame métallique, percée d'un trou de six lignes en diamètre, l'ombre de ce corps paroît au tour du trou, bordée d'une zone de lumière très-vive, tandis que l'espace circonscrit est moins éclairé que le reste du champ. Si le trou a trois lignes, l'espace circonscrit sera d'une teinte encore moins claire. S'il a deux lignes, en place d'auréole, l'ombre vers la circonférence se trouvera bordée d'une teinte obscure, moins foncée toutefois vers le centre.* Les rayons auxquels ces trous donnent passage, sont donc principalement attirés vers leurs bords. *Si le trou n'a qu'une ligne; au centre de l'auréole paroîtra un point très-obscur, qui n'est autre chose que l'espace abandonné par les rayons déviés aux bords du trou.*

Enfin, lorsque le trou fait à la carte ou à la lame métallique n'a qu'un quart de ligne en diamètre; l'espace circonscrit par les bords de l'ombre, au lieu d'offrir un point lumineux, est d'une teinte très-obscure, & toujours d'autant plus obscure que le trou est plus étroit. D'où vient cette privation de lumière? de ce que les rayons les plus proches de la circonférence du trou, attirés avec force, ſe replient ſur ſes bords, & ceſſent de tomber dans le champ circonſcrit.

Continuation du même ſujet.

Venons à d'autres expériences également curieuſes, qui démontrent que les corps attirent & dévient les rayons dont ils ſont environnés.

Introduiſez les rayons immédiats du ſoleil dans la chambre obſcure, par un trou d'un pied en diamètre, fait au volet; & l'ombre des bords de ce trou, projettée ſur un carton, environnera une auréole brillante au dehors (1), *terne au milieu, obſcure au dedans; & toujours d'autant plus obſcure, qu'elle approche davantage de l'ombre.*

A ſix pieds du carton, oppoſez au faiſceau de ces rayons une planchette percée d'un trou de quinze lignes; & l'ombre des bords de ce trou environnera une auréole brillante en dehors, mais l'eſpace circonſcrit paroîtra moins éclairé que le reſte du champ qui borde l'ombre.

Si le trou n'a que ſix lignes en diamètre; au milieu de l'eſpace lumineux que forment les rayons tranſmis, paroîtra un point très-brillant.

De ces expériences & de mille autres ſemblables, il ſuit que tous les corps attirent la lumière; mais des rayons qui ſe trouvent dans la ſphère d'at-

---

(1) C'eſt-à-dire, vers le centre du champ de lumière.

traction d'un corps isolé, ceux qui sont tangents se replient à sa circonférence, & deviennent convergens. Ceux qui forment les couches contiguës sont aussi repliés, mais beaucoup moins; & toujours d'autant moins qu'ils s'éloignent davantage de la circonférence de ce corps, jusqu'à ce que sa force attractive (trop foible pour les replier sensiblement) les accumule aux bords de sa sphère d'activité, tant qu'elle conserver un peu plus d'énergie quelle n'en a dans le milieu ambiant. Voilà d'où viennent dans l'auréole l'obscurité de la partie contiguë à l'ombre des corps, la teinte terne de sa partie intermédiaire, & l'éclat de sa partie extérieure, abstraction faite des causes de la pénombre.

Aux rayons immédiats du soleil, l'auréole qui environne l'ombre des corps est moins brillante qu'aux rayons rassemblés dans la chambre obscure, parce que, dans le dernier cas, il y a moins de lumière réfléchie de tous les côtés; elle est aussi beaucoup plus étendue, & l'on en verra la raison ci-après.

Il est hors de doute, que les rayons de lumière changent toujours de direction dans le même milieu, lorsqu'ils passent à certaine distanc ed'un corps. Se trouvent-ils dans sa sphère d'attraction? ils se replient jusqu'à certain point à sa circonférence, & se prolongent ensuite en droite ligne. Plus ou moins déviés, ils doivent donc successivement former foyer au-delà des corps opaques qu'ils environnent,

ronnent, comme ils forment foyer au-delà des corps diaphanes qu'ils traversent.

A l'appui de cette vérité, voici une expérience décisive. *Après avoir exposé une boule de matière quelconque (& d'un pouce en diamètre) aux rayons immédiats du soleil; examinez son ombre projettée sur un carton fort peu distant, vous la trouverez à peu près de même diamètre que l'objet, également noire dans toutes ses parties, toujours bien terminée & toujours lizerée d'une zône lumineuse; si vous éloignez le carton, l'ombre diminuera, mais les bords n'en seront plus terminés aussi nettement; ils s'éclairciront ensuite peu à peu, puis ils s'étendront: alors circonscrits par une auréole, ils circonscriront à leur tour un orbe moins obscur que les bords; l'ombre aussi continuera à diminuer, mais l'espace orbiculaire s'étendra & s'éclaircira; lorsque l'ombre est fort petite, au centre se forme un point lumineux; c'est ce point qu'il faut regarder comme foyer d'une partie des rayons les plus déviés à la circonférence de la boule.*

Puisque les rayons déviés par un corps ont un point d'intersection, passé ce point, ils doivent prendre entr'eux un arrangement inverse. *Aussi, lorsqu'on éloigne d'avantage la boule, voit-on l'ombre disparoître totalement, ou plutôt circonscrire un champ de lumière; comme on voit la lumière circonscrire un champ d'ombre, lorsqu'on place à côté de la boule un disque de carton de même diamètre, & percé d'un trou de six lignes au milieu.*

Terminons cet article par une expérience bien propre à démontrer la déviation des rayons de lumière.

Si on projette l'ombre d'une boule quelconque, de deux pouces en diamètre, ſur le bord de l'auréole d'un grand trou fait au volet, elle ceſſera d'être circulaire, & ſa partie immerſée prendra une forme elliptique.

De l'énergie de l'attraction de la lumière.

Elle varie, ſur-tout avec la nature des corps.

Après avoir placé dans le cône lumineux, ſur une même ligne & à quatre pieds de la toile, des corps de mêmes dimenſions & de différente denſité; on n'obſerve pas que l'auréole s'étende davantage autour des plus maſſifs; dans quelques-uns, elle s'étend beaucoup moins.

A ces corps, ſubſtituez des boules de cuivre, de plomb, d'étain, d'argent, de bois, d'ivoire, de cire, &c., d'un pouce en diamètre, mais évidées; à côté de chacune de ces boules, placez-en une autre de même matière & d'égal diamètre, mais maſſive; examinez enſuite leur auréole, vous n'obſerverez pas qu'elle augmente en étendue & en éclat autour de celles-ci.

D'après pluſieurs expériences de ce genre, il eſt conſtant que *certains corps, tels que le plâtre, & ſur-tout le fluide igné, attirent plus la lumière que les métaux, comme on s'en assure en comparant l'étendue & l'éclat de leurs auréoles; mais dans la chambre obscure, la différence n'est bien sensible qu'à l'égard du fluide igné qui s'échappe d'un boulet incandescent ou de la flamme d'une bougie.*

Les substances hétérogènes attirent donc la lumière, en raison de leur affinité avec elle.

Les corps paroissent aussi l'attirer en raison de l'étendue de leurs surfaces.

Dans ceux où elle est attirée à la fois par deux surfaces, la partie intermédiaire de l'auréole acquiert de l'éclat; aussi les coins des angles sont-ils terminés par un quadrilatère plus éclatant que la raie qui, de part & d'autre, concourt à le former, & toujours d'autant plus éclatant, que l'angle est moins obtus. Mais lorsque l'angle est aigu, au lieu d'un quadrilatère, c'est une espèce de triangle très-brillant, formé par l'intersection des lignes lumineuses qui se prolongent dans l'ombre : si l'angle est fort aigu, le triangle lumineux se dilate en patte d'oie.

La forme, qu'affecte l'auréole autour des corps anguleux ou pointus, confirme encore notre principe. *Examinez leur ombre, & vous trouverez que tous les angles y paroissent émoussés : l'auréole, extrêmement foible au sommet des points, s'évase d'une manière très-marquée sur leurs côtés, laissant un petit espace obscur au milieu.* La lumière qui la forme eſt donc principalement attirée vers les endroits où la ſurface eſt proportionellement plus grande.

De la décompoſition de la lumière.

Les corps n'attirent & ne dévient pas ſimplement la lumière qui paſſe à leur circonférence ; mais ils la décompoſent.

Vérité que vont démontrer pluſieurs expériences auſſi frappantes que neuves.

Placez différents corps dans le cône lumineux, à ſix pieds de la toile, leur auréole vous paroîtra aſſez diſtincte ; fixez avec ſoin cette auréole, elle vous paroîtra diviſée en trois petites bandes, dont l'interne eſt indigo, l'externe paille, & l'intermédiaire blanche.

Ce n'eſt là encore que la décompoſition en petit de la lumière ; nous allons la voir en grand ; & pour la produire, tout ſolide eſt bon, même le plus opaque, quelle qu'en ſoit la forme.

Comme les rayons ſont fort divergens proche de la toile, la lumière décompoſée à la circonférence des corps eſt fort rare ; auſſi, les teintes de leur auréole ſont-elles fort foibles. Pour les rendre plus marquées, il ſuffit d'approcher peu à peu l'objet en expérience du ſommet de ce cône, où les rayons étant plus denſes, ſe décompoſent en plus grand nombre ; ce que les faits démontrent : mais choiſiſſons un point déterminé. Lors donc qu'à cinq ou ſix pouces du ſommet, on place dans le cône lumineux une lamelle métallique, ou un

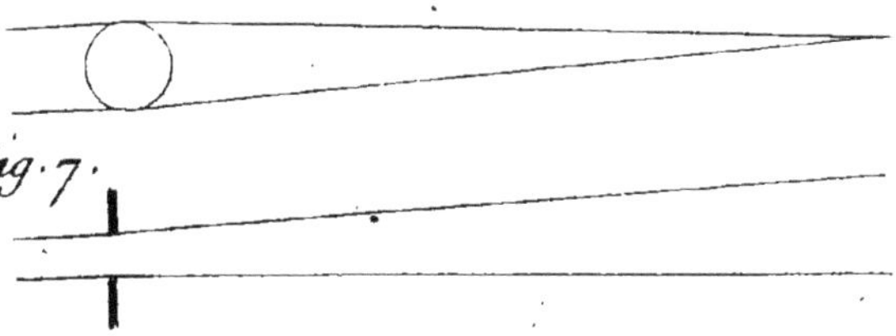

Fig. 7.

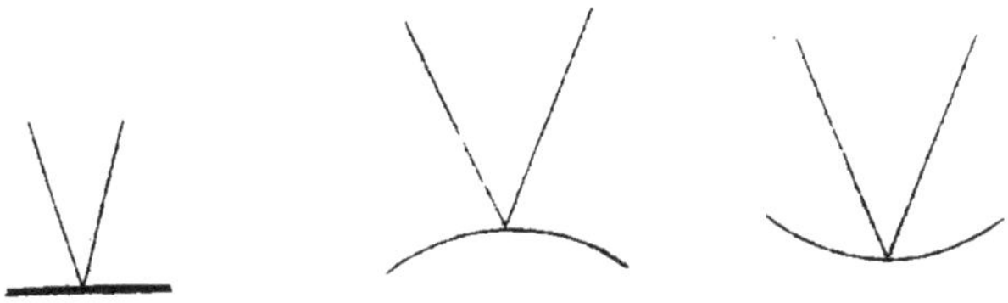

Fig. 8.

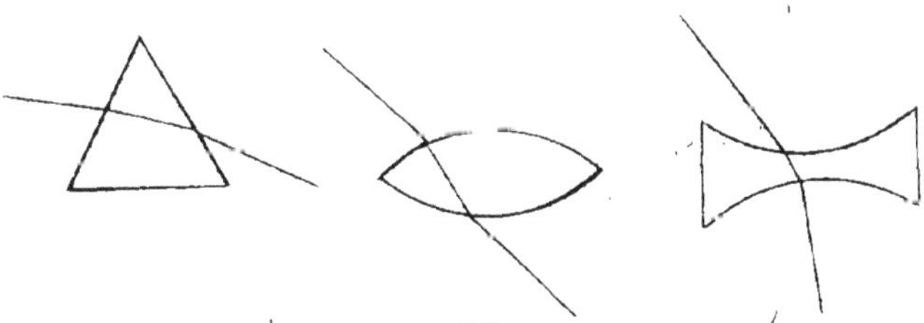

Fig. 9.

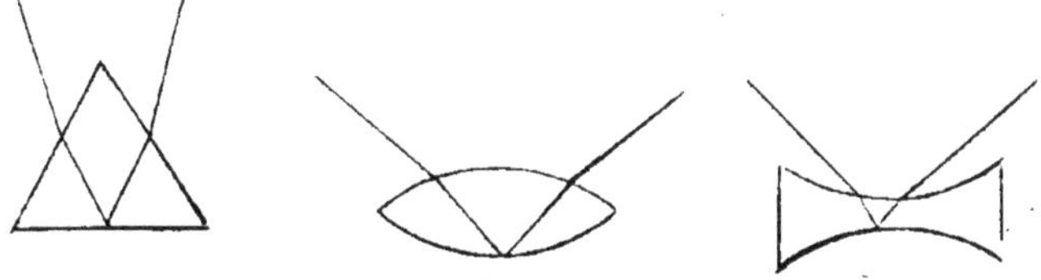

Fig. 10.

fétu de paille, de manière que l'ombre ſoit projettée au bord du champ; on la voit environnée, d'un côté, d'une large teinte bleue; de l'autre côté, d'une teinte orangée, contiguë à une teinte jaune beaucoup plus large.

La lumière immédiatement décompoſée par ces corps étant diſperſée ſur un eſpace aſſez conſidérable, donne toujours des couleurs ternes; mais ces couleurs deviennent extrêmement vives, dès qu'on en raſſemble les rayons, au moyen d'un verre convexe (1).

Quand les divers milieux ſont homogènes & terminés par des ſurfaces bien unies, quelle que ſoit leur figure, jamais la lumière ne ſe décompoſe en les traverſant; & toujours elle ſe décompoſe à la circonférence d'un milieu contigu à un autre de différente énergie. Ainſi, des rayons qui ſe prolongent au de-là de ce milieu, après s'y être réfractés, ceux qui paroiſſent décompoſés ſont tous tangens à quelque partie ſaillante de ſa ſurface, à moins qu'avant leur incidence, ils ne ſoient déja décompoſés.

---

(1) C'eſt la lentille B dont il faut ſe ſervir dans cette expérience. Après l'avoir montée ſur ſon pied, on la placera à ſept ou huit pouces du corps opaque qui fait ombre; on aura ſoin que cette ombre ſoit projetée au bord du champ de lumière; & on approchera ou on éloignera la lentille, juſqu'à ce que les couleurs qui environnent l'ombre aient le plus grand éclat. C'eſt à ce point où il faudra fixer le verre.

On regarde généralement les iris qui paroissent au foyer des lentilles, comme une preuve de la décomposition que la lumière souffre en se réfractant aux surfaces obliques d'un verre; mais leur décomposition se fait uniquement sur les bords de la lentille ou de sa monture. Ce dont il est facile de s'assurer, en y adaptant quelque marque particulière, ou en rétrécissant le champ lumineux, à l'aide d'un carton percé d'un trou; car alors, les mêmes iris continuent à paroître autour du champ. Ce qui paroît au mieux, quand on fait passer les rayons qui sont près de l'axe du cône lumineux, à travers une lentille gélatineuse ou mal polie: alors on voit la toile entièrement couverte d'une moucheture de différentes couleurs, semblable au taffetas chiné; ce qui n'arrive point lorsque le verre est d'un bon grain & d'un beau poli.

Si la lumière ne se décompose point en traversant une lentille; elle ne se décompose pas non plus en traversant un prisme.

Ayant introduit dans la chambre obscure (à travers un trou de quatre lignes percé au milieu d'un carton blanc) le faisceau solaire destiné aux expériences prismatiques, qu'il soit reçu à quelque distance au milieu d'un excellent miroir métallique concave ou convexe, puis réfléchi sur le carton avant ou après le foyer, il formera un champ de lumière blanche, circonscrit de cercles colorés. Il est indubitable que la lumière qui forme ces cercles, tombe toute décomposée ſur le miroir, puiſqu'elle ne ſe décompoſe point par ſimple réflexion ; elle étoit donc déjà décompoſée avant de tomber ſur le priſme. Mais une preuve inconteſtable que le priſme ne la décompoſe pas en la réfractant, c'eſt qu'*on peut donner un faiſceau de rayons ſolaires avec lequel il eſt impoſſible de former le ſpectre, quel que ſoit le nombre des priſmes qu'il vienne à traverſer. Pour avoir ce faiſceau, il ſuffit de faire paſſer les rayons à travers une lentille fort convexe. Cela fait, ſi on en reçoit le foyer au milieu de l'une des ſurfaces de l'angle réfringent, ils formeront un champ circulaire dont les bords ſeuls ſeront colorés* : phénomène impoſſible à concevoir ſi le priſme décompoſoit la lumière.

La décompoſition, que les réfractions priſmatiques n'ont pu produire, s'effectue toujours par la ſimple déviation de la lumière à la circonférence des corps. A l'aide d'un fétu de paille ou d'un fil de fer, interceptez une partie des rayons qui émergent d'un priſme, & l'ombre de ce corps, projetée dans le champ circulaire, ſera couverte de bandes colorées.

Enfin, en recevant un faiſceau de quatre lignes ſur un priſme dont l'angle réfringent n'ait que dix ou douze degrés, & en le projettant à deux cents pieds de diſtance (1), le ſpectre ne ſe forme point,

(1) Cette expérience a été répétée diverſes fois dans le beau cabinet de M. de Joubert.

& toujours on a un champ de lumière blanche, circonſcrit de croiſſans colorés.

Il eſt donc démontré que la lumière ſe réfracte aux ſurfaces d'une lentille ou d'un priſme, ſans ſubir aucune décompoſition. Elle ne ſe décompoſe donc jamais qu'à la circonférence des corps dont elle paſſe à certaine diſtance.

Je ſupprime ici beaucoup d'autres expériences qui viennent à l'appui de cette importante vérité, pour donner une idée générale de mes découvertes.

Des couleurs primitives.

Les Newtoniens en comptent ſept; néanmoins du mélange de trois ſeulement les peintres compoſent toutes les teintes. L'art ſeroit-il donc plus ſimple que la nature? On auroit pu le croire, ſi la phyſique ne fût enfin venue au ſecours de la mécanique, pour rendre aux choſes leur ſimplicité première.

D'après mes expériences il eſt conſtant, que les couleurs primitives ſe bornent au jaune, au rouge & au bleu; car on parvient toujours à ne tirer de la lumière qui ſe décompoſe à la circonférence des corps, que ces trois différentes couleurs.

Cela paroît hors de doute, lorſqu'on place d'un côté de l'axe du cône lumineux, & à ſept ou huit pouces du ſommet, quelques corps très-déliés, tels qu'un bout de crin tendu, & qu'on rassemble, au moyen d'une lentille convexe (1), *les rayons trop éparpillés sur la toile; mais afin qu'ils n'enjambent pas les uns sur les autres, il faut les projeter sur un carton blanchi peu distant, & ne donner à la lentille qu'une certaine obliquité.* Alors les bandes colorées qui couvrent l'ombre du crin sont extrêmement vives & parfaitement tranchées.

Ne nous en tenons pas à ces preuves, quelque fortes qu'elles soient; faisons voir que le prisme même ne donne que trois couleurs, & décomposons toutes les autres.

On regarde les sept couleurs du spectre, comme vraiment primitives, » parce qu'on n'a pu encore » les décomposer par quelque art que ce soit « ; mais les vains efforts de ceux qui, jusqu'à présent, ont tenté l'entreprise tiennent uniquement aux mauvaises méthodes dont ils ont essayé.

Lorsque le spectre est bien formé, en faire disparoître une seule couleur sans intercepter aucun des rayons qui le composent, seroit assurément démontrer qu'il n'est pas indécomposable ; la démonstration toutefois sera plus complette, si, sans toucher au prisme & sans intercepter aucun rayon, la composition ou la décomposition du spectre se fait par degrés toujours croissans ou décroissans. Tel est l'avantage des méthodes que nous allons

(1) de la lentille B.

employer ; dans toutes on voit que le ſpectre n'eſt formé que de trois eſpèces de rayons hétérogènes, & l'on ſuit à l'œil la combinaiſon de ces principes conſtituants.

Le ſpectre étant formé, ſi on reçoit le faiſceau des rayons ſolaires ſur un papier blanc, à quelques pouces du priſme, il paroîtra environné de divers croiſſans colorés. Qu'on éloigne le carton juſqu'à quinze ou dix-huit pieds, bientôt on verra ſe former la prétendue image oblongue du ſoleil, par la divergence & l'anticipation réciproque des rayons de ces croiſſants.

Lorſqu'à deux pieds du priſme, on reçoit, au milieu d'une lentille (1) *convexe, le faiſceau de rayons ſolaires, on a le ſpectre renverſé ; mais en approchant peu à peu la lentille juſqu'à la diſtance de dix pouces, on le voit ſe décompoſer. D'abord il s'accourcit peu à peu ; enſuite la bande verte s'affoiblit & ſe retrécit, tandis que la jaune s'arrondit & s'étend ; puis la bande verte diſparoît tout-à-fait. Déja la bleue eſt contiguë à la jaune ; bientôt la rouge & la jaune ne forment plus qu'un orbe en deux croiſſans adoſſés & ſéparés par une petite raie orangée. Le jaune ſe retrécit à ſon tour, & tranche ſur le bleu, qui devient plus vif.*

Peu à peu ils ſont ſéparés par un petit eſpace non coloré ; cet eſpace s'étend, ſe dilate, s'arrondit ; les croiſſans jaune & rouge diminuent, le bleu s'af-

---

(1) La lentille C.

foiblit, le violet disparoît; enfin l'espace non coloré est presque orbiculaire. Alors on voit distinctement le bord supérieur du trou environné d'un croissant indigo contigu à un bleu; & le bord inférieur, d'un croissant jaune contigu à un rouge. Ces couleurs des extrêmes du spectre sont constantes, & elles sont très-vives, très-brillantes, très-pures; au lieu que les teintes qui résultoient de leur mélange n'étoient point décidées. Comment donc auroient-elles été simples ?

J'ai fait voir qu'*en exposant le prisme entier aux rayons solaires, il se forme toujours de chaque côté de l'axe, un grand spectre;* mais alors, chaque spectre est formé par des rayons décomposés à la circonférence du prisme. Pour s'en convaincre, il suffit d'*approcher par degrés le carton où cette image colorée est projetée : à mesure qu'il s'avancera vers le prisme, on la verra diminuer en longueur & augmenter en largeur; bientôt ces croissans perdent de leur courbure. A la distance de huit pieds, ils ne sont déja plus que de longues bandes parallèles, dont les teintes n'ont point encore changé d'ordre; mais en continuant d'approcher, les bandes se retrécissent insensiblement; la verte, l'orangée, la violette disparoissent ensuite; puis la rouge & la jaune sont séparées de la bleue & de l'indigo, par un espace de de lumière non décomposée. Ces raies continuent à se retrécir; enfin, lorsque le carton est à quelques pouces du prisme, l'image n'est plus formée que d'un filet bleu contigu à un indigo produit par un des bords de l'une des surfaces réfringentes, & d'un filet jaune contigu à un rouge, produit par le bord opposé de la même surface : comme on s'en assure en y portant le bout du doigt.*

De quelque manière que soit formé le spectre, il n'est jamais composé que de trois espèces de rayons hétérogènes; en voici des preuves incontestables, mais ne quittons point notre dernière expérience. *Lorsque ces bandes projetées sur un carton se trouvent séparées par un champ de lumière blanche, si vous présentez alternativement à chaque bord de la première surface réfringente, & parallèlement à leur longueur, un fil de fer, la partie visible de son ombre paroîtra couverte des mêmes bandes colorées dont le champ de lumière est bordé. Si vous avancez ce fil de fer de manière que l'ombre entière s'apperçoive, vous la verrez couverte de trois bandes dont les couleurs respectives sont semblables, mais rangées en ordre inverse; d'un côté la bleue avance le plus dans le champ de lumière, de l'autre côté c'est la jaune, & toujours la rouge est intermédiaire. A ce fil de fer si vous substituez un petit disque percé d'un trou, les raies colorées auront la forme de croissans; mais les phénomènes seront identiques.* Faut-il une preuve plus frappante? *Après avoir introduit dans la chambre obscure les rayons solaires par un trou de dix lignes, faites passer leur faisceau à travers un prisme de manière à former le spectre; puis faites passer ce faisceau par le milieu d'une len-*

cille convexe (1), *vous aurez un champ de lumière blanche, bordé au bas d'un croissant jaune adossé à un rouge; en haut, d'un croissant bleu liseré d'indigo. Alors adaptez au milieu du trou un anneau métallique très-étroit & de six lignes en diamètre, son ombre paroîtra couverte d'un cercle bleu, d'un rouge & d'un jaune qui se surmontent un peu & s'entre-coupent par leur diamètre horizontal. Enfin, de part & d'autre de leurs points d'intersection, si vous examinez les demi-cercles correspondans qui bordent le trou du volet & l'ouverture du disque, vous trouverez leurs teintes parfaitement semblables.*

Le spectre n'est donc formé que d'une partie des rayons décomposés sur deux bords correspondans du trou qui donne passage au faisceau solaire; ainsi, les teintes indigo & violette sont produites par le mélange des rayons des croissants bleu visible, & du croissant rouge contigu, mais qui se trouve en partie caché dans l'ombre; l'orangée, par le mélange des rayons des croissans rouge & jaune contigus, tandis que la verte résulte du mélange des rayons que forment les croissans opposés bleu & jaune.

Ce n'est pas assez d'avoir décomposé le spectre; faisons voir qu'aucune des sept couleurs prétendues primitives n'est pure, en les reduisant toutes aux trois couleurs élémentaires.

---

(1) La lentille C.

Après avoir dépuré un faisceau de rayons homogènes à la façon Newtonnienne (1), *si, à quatre ou cinq pieds du carton blanchi où ils sont projetés, vous leur présentez quelques crins noirs ; l'ombre de chaque crin paroîtra environnée* (2) *de raies de différentes couleurs.*

On voit par là combien ces prétendues couleurs primitives étoient faciles à décomposer, malgré tant de vains efforts faits pour y parvenir. Et faut-il s'étonner qu'ils aient été si long-temps sans succès ? On s'est toujours opiniâtré à vouloir décomposer la lumière par des réfractions prismatiques ; mais le prisme ne décompose point la lumière en la réfractant. D'ailleurs, les rayons hétérogènes sont tous également réfrangibles, comme on le verra ci-après.

---

(1) On introduit les rayons solaires par une ouverture horizontale de huit lignes en longueur & d'une ligne en hauteur, ensuite on les fait passer par un prisme, puis par un objectif de douze pieds de foyer.

(2) Les résultats seront beaucoup plus brillans, si le spectre est formé en exposant le prisme entier aux rayons solaires. Formé de la sorte & projeté au fond d'une chambre obscure sur un carton, si, à distance convenable, on intercepte partie des rayons de chaque bande colorée, au moyen d'un fétu de paille ou d'un fil de fer, l'ombre sera couverte de raies colorées, non-seulement beaucoup plus vives que les bandes du spectre, mais placées de manière à rendre la décomposition de ses couleurs beaucoup plus frappante.

Les couleurs primitives ſe réduiſent donc au jaune, au rouge & au bleu; vérité dont les preuves ſont ſi fortes, ſi lumineuſes, ſi complettes, qu'il n'eſt pas poſſible de la révoquer en doute.

A voir la multitude de teintes différentes qui réſultent du mélange de ces trois couleurs, qui ne ſeroit ravi d'admiration?

De la déviabilité relative des rayons hétérogènes.

Si la lumière ſe décompoſe à la circonférence d'un corps, c'eſt que la force de l'attraction qu'il déploie ſur les rayons hétérogènes n'eſt pas égale; ainſi, attirés les uns plus que les autres, ils doivent néceſſairement ſe ſéparer.

La force avec laquelle ces rayons ſont attirés & déviés, eſt proportionnelle à l'affinité qu'ils ont avec les corps. Or, les plus déviables ſont les jaunes, les moins déviables ſont les bleus, & les rouges ont une déviabilité moyenne. En voici des preuves ſans réplique.

Au centre du cône lumineux, & à ſix pouces du ſommet, ſi vous placez un cylindre métallique de trois pouces en longueur ſur trois lignes en diamètre, vous verrez ſon ombre bordée de part & d'autre d'une bande bleue ſale: ſi vous faites paſſer ce cylindre à droite de l'axe, vous verrez l'ombre bordée, d'un côté, d'une large bande bleue;

de l'autre, d'une bande rouge, contiguë à une jaune, si vous faites passer ce cylindre à gauche: le même phénomène aura lieu, à cela près que les bandes rouge & jaune prendront la place de la bleue, & que la bande bleue prendra la place de la rouge & de la jaune. *Dans quelque partie du cône lumineux que vous placiez ce cylindre, à mesure qu'il passera d'un côté ou de l'autre de l'axe, les bandes colorées changeront de place alternativement.*

Quoique ternes, leurs couleurs le sont d'autant moins, que l'objet est exposé à des rayons plus divergens; & elles acquièrent encore de la vivacité, à mesure qu'il est rapproché du sommet du cône lumineux.

Si, au moyen d'une lentille (1) *convexe, on rassemble les rayons décomposés, non-seulement les bandes colorées deviennent éclatantes, comme on l'a vu plus haut; elles changent aussi de position sans changer d'ordre, & tous ces phénomènes sont d'une régularité qui ne se dément jamais.*

D'où vient la différence des phénomènes, lorsque l'ombre du cylindre est projetée au centre ou au bord du champ de lumière? De ce que, dans le premier cas, les rayons les moins déviés aux deux côtés du cylindre sont apparens; tandis que, dans le

(1) De la lentille C.

le

le dernier cas paroissent les rayons déviés au seul côté (1) externe du cylindre ; car les rayons déviés au côté interne, devenus plus divergens, sont en partie dispersés dans le champ lumineux & en partie jettés dehors. Or, les hétérogènes repliés à l'un des bords du cylindre ont chacun un angle particulier de déviation, ce qui paroît incontestable, puisqu'ici leur angle d'incidence est le même, la lumière n'étant pas décomposée à l'endroit du champ où elle est projettée : mais de ces rayons déviés les homogènes ne s'apperçoivent qu'autant qu'ils sont séparés des autres & réunis sur un même plan.

A l'égard de l'ordre constant que les bandes colorées conservent, & de la différente position qu'elles prennent à mesure que le corps opaque qui décompose la lumière, passe d'un côté à l'autre de l'axe du cône lumineux, ils viennent de ce que les rayons hétérogènes repliés au seul côté externe du cylindre, tombent dans le champ de lumière ; les plus déviés doivent donc nécessairement tomber le plus proche du centre de ce champ ; les moins déviés doivent tomber le plus loin du centre ; tandis que ceux qui sont moyennement déviés doivent occuper l'espace intermédiaire. Il suit de là, bien clairement, que les rayons bleus sont les moins déviables, que

(1) Le côté le plus proche du bord du champ.

les jaunes ſont le plus déviables, & que les rouges ont une déviabilité moyenne.

A ces expériences ajoutons-en quelques-unes où ces réſultats paroîſſent à la fois dans tout leur jour.

Quand on place une boule d'un pouce en diamètre au centre du cône lumineux, & à ſept ou huit pouces du ſommet, l'ombre paroît environnée des rayons les moins déviés à ſa circonférence; auſſi, les bleus ſont-ils les ſeuls apparens. Où ſont les rouges & les jaunes? cachés dans l'ombre; & pour les rendre viſibles, il ſuffit d'interpoſer à diſtance convenable un verre convexe (1); alors les rayons s'y réfractant ſe croiſeront, & les plus déviés, c'eſt-à-dire, les plus convergens, devenus par ce moyen les plus divergens, circonſcriront l'ombre de la boule. Quant aux bleus, ils feront à leur tour cachés dans l'ombre; & pour les faire reparoître, il ſuffira d'interpoſer une ſeconde lentille (2), quelques pouces au-delà du foyer de la premiere.

Il y a un moyen bien ſimple de faire paroître à la fois tous les rayons déviés à la circonférence

(1) La lentille C.

(2) La lentille B.

de la boule ; il consiste à la percer d'un trou de certain diamètre, ou plutôt, *à substituer à cette boule un disque quelconque, d'un pouce en diamètre, percé d'un trou de neuf lignes.*

Il paroît d'abord assez difficile à concevoir que les rayons dont l'ombre paroît bordée internement soient déviés à la circonférence externe du disque ; mais on en donne la preuve complette, en substituant à ce disque un grand carton percé d'un trou de six lignes au milieu ; car alors, l'ombre des bords du trou n'est point environnée de cercles colorés.

Reste la preuve la plus évidente. Si on place au centre du cône lumineux & à six pouces du sommet, un disque de verre mince, pur, à bords doucis & à surfaces parfaitement parallèles ; on verra l'ombre des bords du disque, couverte de trois cercles colorés ; d'un bleu externe, d'un jaune interne, & d'un rouge intermédiaire. En interposant une lentille pour rassembler les rayons, comme ils se croisent au foyer, leurs couleurs prendront un ordre inverse.

De ce qui précède, concluons que les rayons bleus sont les moins déviables, que les jaunes sont les plus déviables, & que les rouges ont une déviabilité moyenne.

A ces vérités ajoutons-en une autre qui leur est intimement liée ; c'est que l'ordre de la déviabilité des rayons hétérogènes est invariable, comme on s'en aſſure, en plaçant dans le cône lumineux à ſept pouces du foyer un diſque découpé en cercles concentriques très-étroits ; puis en interpoſant une lentille pour en raſſembler les rayons déviés.

Paſſons à l'examen d'un article qui fait la baſe de la doctrine de Newton, & le point caractériſtique de notre théorie.

De la réfrangibilité des rayons hétérogènes.

Quoique différemment déviables, les rayons hétérogènes ſont tous également réfrangibles. Les preuves que nous en allons donner ſont de nature à ne laiſſer aucun doute.

Commençons par obſerver que dans les expériences priſmatiques, la réfrangibilité des rayons hétérogènes a toujours été confondue avec leur déviabilité ; car ceux qui tombent ſur le priſme ſont déja déviés au bord du trou qui leur donne paſſage. S'ils paroiſſent enſuite ſe réfracter les uns plus que les autres, c'eſt que leur angle d'incidence n'eſt pas égal. D'où il ſuit que toutes les expériences faites avec le priſme pour établir la différente réfrangibilité de ces rayons, ſont illuſoires.

La ſeconde expérience de l'Optique de Newton eſt la ſeule expérience directe ſur laquelle ce célèbre physicien ait établi la doctrine de la différente réfrangibilité ; encore cette expérience est-elle fausse, comme on le voit lorsque les morceaux de draps rouge & bleu sont éclairés par les rayons immédiats du soleil.

Mais, ne fût-elle pas démontrée fausse, toujours seroit-elle manquée.

Un premier défaut est d'être faite avec des teintes obscures, sur fond noir ; car elles s'y distinguent mal.

Un second défaut, est d'être faite avec des fils noirs pour marque de renseignement ; car ils s'apperçoivent mal sur un fond obscur.

Un troisième défaut est d'être faite à la simple clarté d'une chandelle, toujours trop foible pour distinguer, à la distance de douze pieds, des fils noirs sur des teintes obscures.

Un quatrième défaut est d'être faite avec un objectif de trop court foyer, &c.

A cette expérience j'en substitue une autre qui n'a aucun de ces inconvéniens. Elle consiste à *exposer au soleil un plan où sont peints à égales distances d'un centre commun, des disques égaux, chacun en l'une des prétendues couleurs primitives, & avec une petite croix blanche pour marque de renseignement ; puis à rassembler, à l'aide d'un ob-*

jectif (1) *convexe (de vingt-huit pieds de foyer & de quatre pouces de diamètre), les rayons qu'ils réfléchiſſent, & à les projetter ſur une ſurface liſſe de même ſphéricité que celle de l'objectif; la ſurface concave, le verre & le tableau étant élevés parallèlement ſur la même horizontale.* Or, en cherchant le point où les images de ces diſques ont toute leur netteté, on trouve qu'il eſt le même pour chacune. Dans le ſyſtême de Newton on devroit, cependant, trouver deux pieds de différence focale, entre l'image violette & l'image rouge; car il porte l'aberration de réfrangibilité à la quatorzième partie de la diſtance focale, lorſque l'objectif n'eſt pas plus éloigné du verre que le verre ne l'eſt de ſon foyer, comme dans cette expérience.

Puis donc que les diſtances focales des rayons hétérogènes réfléchis ſont les mêmes, il eſt évident qu'ils ſont tous également réfrangibles. Dans le ſyſtême de Newton les rayons réfléchis par les croix blanches, ſe décompoſant toujours aux ſurfaces de l'objectif, ne peuvent être exactement raſſemblés ſur des points correſpondans à ceux de l'objet dont il font partie : ainſi les images des croix n'étant jamais bien terminées elles-mêmes, ne ſauroient trancher ſur leurs différens fonds.

Il y a mieux. Si, au lieu de croix blanches, on

(1) L'objectif D.

en met plusieurs de couleurs différentes sur chaque disque, on ne devroit trouver aucun point où les images des croix & du disque fussent nettement terminées. Toutefois, *lorsqu'on choisit parmi les couleurs, dont les rayons sont réputés différer le plus en réfrangibilité, c'est-à-dire, celles qui tranchent le mieux l'une sur l'autre, on verra chacune de ces images devenir distincte à un point déterminé; or, ce point est le même pour chacune.*

Preuves démonstratives, si jamais il en fut, que les rayons hétérogènes sont tous également réfrangibles.

Je ne tirerai point ici la conséquence qui en découle contre la théorie de Newton; le lecteur judicieux m'a déja prévenu.

RÉCAPITULATION.

Nous avons vu que tous les corps sont environnés d'une atmosphère lumineuse, à raison de la force attractive qu'ils déployent sur la lumière qui les environne; nous avons vu aussi que la lumière se décompose constamment à leur circonférence; nous avons vu encore qu'elle se décompose en trois espèces de rayons hétérogènes, dont les jaunes sont le plus déviables, les bleus le moins déviables, & dont les rouges ont une déviabilité moyenne. Enfin, nous avons vu que l'ordre de leur déviabilité est invariable, &

que les rayons hétérogènes ſont tous également réfrangibles.

Ces vérités nouvelles qui forment la baſe de ma théorie, ſont appuyées ſur des faits ſimples & conſtans, réſultats uniformes de différentes méthodes que j'ai employées pour étudier mon ſujet.

Je terminerai ce précis par quelques expériences tirées de l'une de ces méthodes ; expériences qui, au précieux avantage de remettre, à la fois, ſous les yeux du ſpectateur les principaux points de doctrine, réuniſſent l'agrément d'offrir un ſpectacle auſſi ſingulier que raviſſant.

Des ombres colorées.

Rendez obſcure une chambre, dont rien ne borne la vue ; percez au volet un trou d'un pied en diamètre, deſtiné à introduire la lumière réfléchie par le ciel lorſqu'il eſt ſans nuages. A vingt pieds du volet & à quinze pouces d'un carton blanc élevé verticalement, placez un objectif (1) *de trente pouces de foyer & de ſix pouces en diamètre. Tout étant diſpoſé de la ſorte, ſi vous inclinez l'axe de l'objectif juſqu'à ce que le champ lumineux ſoit circulaire, vous verrez l'ombre des bords du trou environnés d'une auréole. Augmentez graduellement la diſtance du verre au carton, peu-à-peu l'auréole s'étendra,*

(1) L'objectif G.

ses bords se rapprocheront, & l'espace intermédiaire sera d'une teinte bleuâtre produite par le reflet de la voûte azurée ; tandis que l'ombre de la circonférence du trou en prendra une jaunâtre produite par les rayons les plus déviés de son auréole. Ensuite les bords de l'auréole, venant à coïncider, formeront un point blanc radieux. Le champ de lumière devenu plus petit & plus brillant se trouve environné de deux cercles concentriques, d'un jaune interne & d'un rouge externe, séparés par une teinte orangée. Si vous éloignez l'objectif, à mesure que le point radieux s'étendra, le champ de lumière se retrécira encore, & formera un espace orbiculaire de lumière pure, circonscrit de bleu. Alors suspendez une boule de deux pouces en diamètre au centre du trou, replacez l'objectif à quinze pouces du carton, éloignez-le ensuite par degrés & observez le champ de lumière ; les mêmes phénomènes reparoîtront jusqu'à ce qu'il soit parvenu au point où les bords de l'auréole du trou coïncident ; à cela près qu'on apperçoit au milieu du champ une zône de teinte paille fort légère, circonscrite par une zone de teinte azur plus legère encore ; teintes formées par les rayons décomposés autour de la boule, comme on s'en assure en lui imprimant une légère impulsion. C'est sur ces teintes seules que l'attention doit être fixée. Continuez à éloigner l'objectif, & le point blanc fera place à un point jaunâtre qui s'étendra par degrés. En même-temps, la zône bleue de l'auréole de la boule diminue en même proportion ; puis elle coïncide avec les bords de l'auréole du trou ; alors aussi l'espace jaunâtre commence à diminuer & à acquérir une teinte plus décidée. Enfin on voit paroître un petit orbe jaune qui diminue insensiblement jusqu'à ce qu'il ait acquis tout son éclat ; bientôt les bords de l'auréole du trou se resserrent & s'éloignent du cercle bleu ; déjà ils en sont séparés par une zone de vive lumière, où l'on ne distingue que la blancheur du carton. Ensuite cette zône continue à s'étendre, & le petit orbe jaune paroît un peu diminuer. Parvenu à ses plus petites dimensions, ses rayons divergent ; au centre paroît une teinte orangée qui, peu-à-peu, fait place à un petit orbe rouge. Les rayons dont il est formé divergent à leur tour ; ils occupent un plus grand espace, au milieu duquel on voit paroître un point très-noir, qui s'étend & forme bientôt une ombre parfaite de la boule. Cette ombre est circonscrite de bleu, de jaune, de rouge, comme celle des bords du trou, & le champ intermédiaire paroît d'une blancheur extrême.

Passé ce point, l'ombre de la boule commence à devenir indigo : l'ombre des bords du trou prend la même teinte. Peu-à-peu cette teinte s'éclaircit à la circonférence ; & lorsqu'elle a acquis toute sa netteté, elle est d'un bel azur, au centre près où l'on distingue un petit orbe bleu foncé. Alors, les bords de l'ombre du trou sont encadrés par un large cercle azur, mais le champ qui les sépare n'est plus d'un blanc aussi vif.

A mesure que la distance de l'objectif au carton augmente, l'ombre de la boule diminue en netteté & en intensité ; ce petit orbe foncé disparoît, & elle devient d'une seule teinte.

Le cercle qui encadre les bords de l'ombre du trou s'étend au-delà ; & le champ de lumière continue à perdre sa vivacité.

Enfin l'ombre bleue disparoît entièrement à son tour ; le champ plus étendu est terne : au centre se voit un point bleu vif, & ses bords sont circonscrits par une grande auréole bleuâtre. Ce qui arrive à l'étendue & à la teinte des bords de l'ombre de la boule, arrive à l'étendue & à la teinte des bords du champ de lumière.

Dans le systême Newtonnien, les teintes qui environnent & couvrent l'ombre de la boule, viennent des rayons hétérogènes que l'objectif sépare les uns des autres, en vertu de leurs réfractions inégales. Mais à supposer ses rayons inégalement réfrangibles, on voit que l'ordre de leur réfrangibilité seroit bien différent de celui qu'à établi Newton : car les violets auroient dû former foyer les premiers, les rouges les derniers ; & dans l'intervalle de ces foyers on auroit dû voir successivement celui des rayons indigo, bleus, verts, jaunes, orangés. Ce qui n'arrive point. Cette expérience est donc décisive contre le systême de la différente réfrangibilité.

Je ne m'arrête pas à décrire les phénomènes

que préſentent des cartons découpés en fleurs, en papillons, en oiſeaux, &c. : mais j'obſerverai qu'ils offrent un ſpectacle enchanteur, & ſervent à faire voir une variété prodigieuſe de teintes produites par le mélange de nos trois couleurs primitives.

FIN.